中国水资源公报
2023

中华人民共和国水利部　编

中国水利水电出版社
www.waterpub.com.cn
·北京·

图书在版编目（CIP）数据

中国水资源公报. 2023 / 中华人民共和国水利部编
. -- 北京 : 中国水利水电出版社, 2024.5
ISBN 978-7-5226-2460-0

Ⅰ. ①中… Ⅱ. ①中… Ⅲ. ①水资源－公报－中国－2023 Ⅳ. ①TV211

中国国家版本馆CIP数据核字(2024)第095602号

审图号：GS 京 (2024) 0904 号

书　　名	中国水资源公报 2023 ZHONGGUO SHUIZIYUAN GONGBAO 2023
作　　者	中华人民共和国水利部 编
出版发行	中国水利水电出版社 (北京市海淀区玉渊潭南路 1 号 D 座 100038) 网址：www.waterpub.com.cn E-mail：sales@mwr.gov.cn 电话：（010）68545888（营销中心）
经　　售	北京科水图书销售有限公司 电话：（010）68545874、63202643 全国各地新华书店和相关出版物销售网点
排　　版	中国水利水电出版社装帧出版部
印　　刷	北京印匠彩色印刷有限公司
规　　格	210mm×285mm 16 开本 2.25 印张 50 千字
版　　次	2024 年 5 月第 1 版 2024 年 5 月第 1 次印刷
定　　价	48.00 元

编写说明

1.范围及分区

（1）《中国水资源公报2023》（以下简称《公报》）中涉及的全国性数据是现有设施监测统计分析结果，均未包括香港特别行政区、澳门特别行政区和台湾省的相关数据。

（2）《公报》分区包括10个水资源一级区和31个省级行政区。在10个水资源一级区中，北方6区指松花江区、辽河区、海河区、黄河区、淮河区、西北诸河区，南方4区指长江区（含太湖流域）、东南诸河区、珠江区、西南诸河区。全国水资源一级区示意图附于《公报》正文之后。

2.术语定义

（1）**降水量**：大气中的水汽凝结后，在一定时段内降落到地面的水量。

（2）**地表水资源量**：河流、湖泊、冰川等地表水体逐年更新的动态水量，即当地天然河川径流量。

（3）**地下水资源量**：地下饱和含水层逐年更新的动态水量，即降水和地表水入渗对地下水的补给量。

（4）**地下水与地表水资源不重复量**：地下水的降水入渗补给量扣除降水入渗补给形成的河道排泄量。

（5）**水资源总量**：当地降水形成的地表和地下产水总量，即地表径流量与降水入渗补给量之和。

（6）**供水量**：各种水源提供的包括输水损失在内的水量之和，包括地表水源、地下水源和非常规水源供水量。地表水源供水量指地表水工程的取水量，按蓄水工程、引水工程、提水工程、调水工程四种形式统计，其中，调水工程仅统计跨水资源一级区调水且在本年度利用的水量；地下水源供水量指水井工程的开采量，按浅层和深层分别统计；非常规水源指经处理后可以利用或在一定条件下可直接利用的再生水、集蓄雨水、淡化海水、微咸水和矿坑（井）水等。直接利用的海水另行统计，不计入供水量中。

（7）**用水量**：各类河道外用水户取用的包括输水损失在内的毛用水量之和，按生活用水、工业用水、农业用水和人工生态环境补水四大类用户统计，不包括海水直接利用量以及水力发电、航运等河道内用水量。生活用水包括居民生活用水和公共设施用水（含第三产业及建筑业等用水）；工业用水指工矿企业用于生产活动的水量，包括主要生产用水、辅助生产用水（如机修、运输、空压站等）和附属生产用水（如绿化、办公室、浴室、食堂、厕所、保健站等），按新水取用量计，不包括企业内部的重复利用水量；农业用水包括耕地和林地、园地、牧草地灌溉用水，鱼塘补水及畜禽用水；人工生态环境补水包括城乡环境用水以及具有人工补水工程和明确补水目标的河湖、湿地补水等，不包括降水、径流自然满足的水量。

（8）**用水消耗量**：在输水、用水过程中，通过蒸腾蒸发、土壤吸收、产品吸附和居民、牲畜饮用等多种途径消耗掉，而不能回归到地表水体和地下含水层的水量。

3.指标解释

（1）年降水量距平是当年与多年平均降水量之差除以多年平均降水量的百分比。

（2）耗水率是用水消耗量占用水量的百分比。

（3）人均综合用水量是用水总量与常住人口的比值。

（4）万元国内生产总值用水量是用水总量与国内生产总值的比值。

（5）万元工业增加值用水量是工业用水量与工业增加值的比值。

（6）人均生活用水量是生活用水量与常住人口的比值。

（7）人均居民生活用水量是居民生活用水量与常住人口的比值。

（8）耕地实际灌溉亩均用水量是耕地灌溉用水量与耕地实际灌溉面积的比值。

（9）农田灌溉水有效利用系数是灌入田间蓄积于土壤根系层中可供作物利用的水量与灌溉毛用水量的比值。

4.数据说明

（1）《公报》中多年平均值统一采用1956—2016年水文系列平均值。

（2）全国平均年降水量依据1.8万个雨量站观测资料分析计算。

（3）水资源状况依据全国近3000处江河水文站以及2.0万个地下水监测站的观测资料进行评价。地下水资源量仅评价矿化度≤2g/L的浅层地下水。

（4）大中型水库蓄水量参与统计的对象包括768座大型水库和3942座中型水库。

（5）湖泊蓄水量统计对象为常年水面面积100km²以上且有监测的75个湖泊。部分湖泊年初蓄水量按照新的水位—蓄水量关系进行了调整。

（6）地下水年末水位（埋深）为当年12月平均值。地下水动态采用20308个地下水水位监测站的监测数据进行分析，监测面积约350万km²，覆盖我国主要平原区、盆地和岩溶山区。依据地下水水位监测站点数据，平原及盆地浅层地下水水位（埋深）空间分布采用克里金插值法计算，深层地下水水位（埋深）空间分布采用算术平均法计算。地下水水位动态按照年末与上年同期地下水埋深的差值＜-0.5m、-0.5m（含）~0m（含）、0m~0.5m（含）、＞0.5m分为上升、弱上升、弱下降、下降，其中弱上升、弱下降视为相对稳定。

（7）水资源开发利用状况依据全国18.4万户用水统计调查对象直报水量及相关统计指标进行核算。

（8）《公报》部分数据合计数由于单位取舍不同而产生的计算误差，未做调整。

5.编制单位

《公报》由中华人民共和国水利部组织编制，参加编制的单位包括各流域管理机构，各省、自治区、直辖市水利（水务）厅（局），中国水利水电科学研究院，水利部水利水电规划设计总院，中国灌溉排水发展中心，南京水利科学研究院以及水利部信息中心（水文水资源监测预报中心）。

目录

contents

一、概述

2023 年，全国降水量与多年平均值基本持平，水资源量比多年平均值偏少。大中型水库蓄水总体有所增加，湖泊蓄水相对稳定。全国用水总量比 2022 年有所减少，用水效率稳步提升，用水结构不断优化。

2023 年，全国平均年降水量为 642.8mm，与多年平均值基本持平，比 2022 年增加 1.8%。全国水资源总量为 25782.5 亿 m^3，比多年平均值偏少 6.6%，比 2022 年减少 4.8%。其中，地表水资源量为 24633.5 亿 m^3，地下水资源量为 7807.1 亿 m^3，地下水与地表水资源不重复量为 1149.0 亿 m^3。

全国统计的 768 座大型水库和 3942 座中型水库年末蓄水总量比年初增加 390.4 亿 m^3，其中长江区大中型水库蓄水总量增加 342.2 亿 m^3。监测的 75 个湖泊年末蓄水总量比年初增加 26.5 亿 m^3。年末与上年同期相比，50.0% 的浅层孔隙水水位监测站、54.3% 的深层孔隙水水位监测站，46.2% 的裂隙水水位监测站，51.8% 的岩溶水水位监测站，水位呈弱上升或上升态势。

全国供水总量为 5906.5 亿 m^3，比 2022 年减少 91.7 亿 m^3。其中，地表水源供水量为 4874.7 亿 m^3，地下水源供水量为 819.5 亿 m^3，非常规水源供水量为 212.3 亿 m^3。

全国用水总量为 5906.5 亿 m^3。其中，生活用水量为 909.8 亿 m^3，工业用水量为 970.2 亿 m^3，农业用水量为 3672.4 亿 m^3，人工生态环境补水量为 354.1 亿 m^3。全国用水消耗量为 3201.7 亿 m^3。

全国人均综合用水量为 419m^3，万元国内生产总值（当年价）用水量为 46.9m^3。耕地实际灌溉亩均用水量为 347m^3，农田灌溉水有效利用系数为 0.576，万元工业增加值（当年价）用水量为 24.3m^3，人均生活用水量为 177L/d（其中人均居民生活用水量为 125L/d）。按可比价计算，万元国内生产总值用水量和万元工业增加值用水量分别比 2022 年下降 6.4% 和 3.9%。

二、水资源量

（一）降水量

2023 年，全国平均年降水量为 642.8mm，与多年平均值基本持平，比 2022 年增加 1.8%。2023 年全国年降水量等值线见图 1，2023 年全国年降水量距平等值线见图 2。1956—2023 年全国年降水量见图 3。

从水资源分区看，与多年平均值比较，4 个水资源一级区降水量偏多，其中海河区、松花江区、淮河区分别偏多 15.4%、14.6% 和 10.8%；辽河区接近多年平均值；5 个水资源一级区降水量偏少，其中东南诸河区、西南诸河区分别偏少 8.4%、5.3%。与 2022 年比较，7 个水资源一级区降水量增加，其中淮河区、长江区分别增加 18.6%、10.2%；3 个水资源一级区降水量减少，其中辽河区、珠江区分别减少 22.3%、14.3%。2023 年水资源一级区降水量见表 1。

从行政分区看，与多年平均值比较，16 个省（直辖市）降水量偏多，其中河南、北京、吉林 3 个省（直辖市）分别偏多 34.7%、27.8% 和 20.1%；西藏、江西接近多年平均值；13 个省（自治区）降水量偏少，其中云南偏少 16.8%。2023 年省级行政区降水量见表 2。

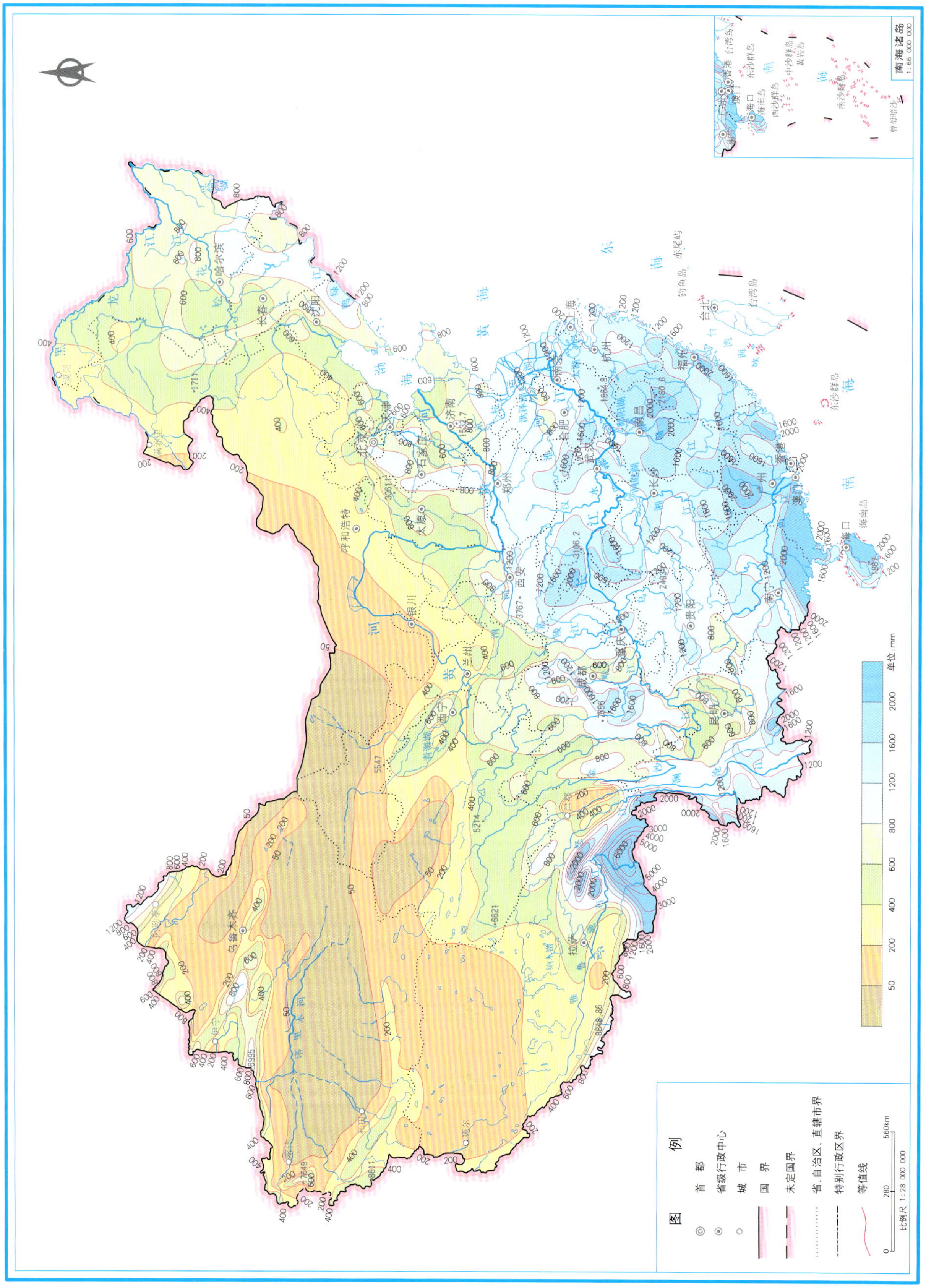

图 1 2023 年全国年降水量等值线

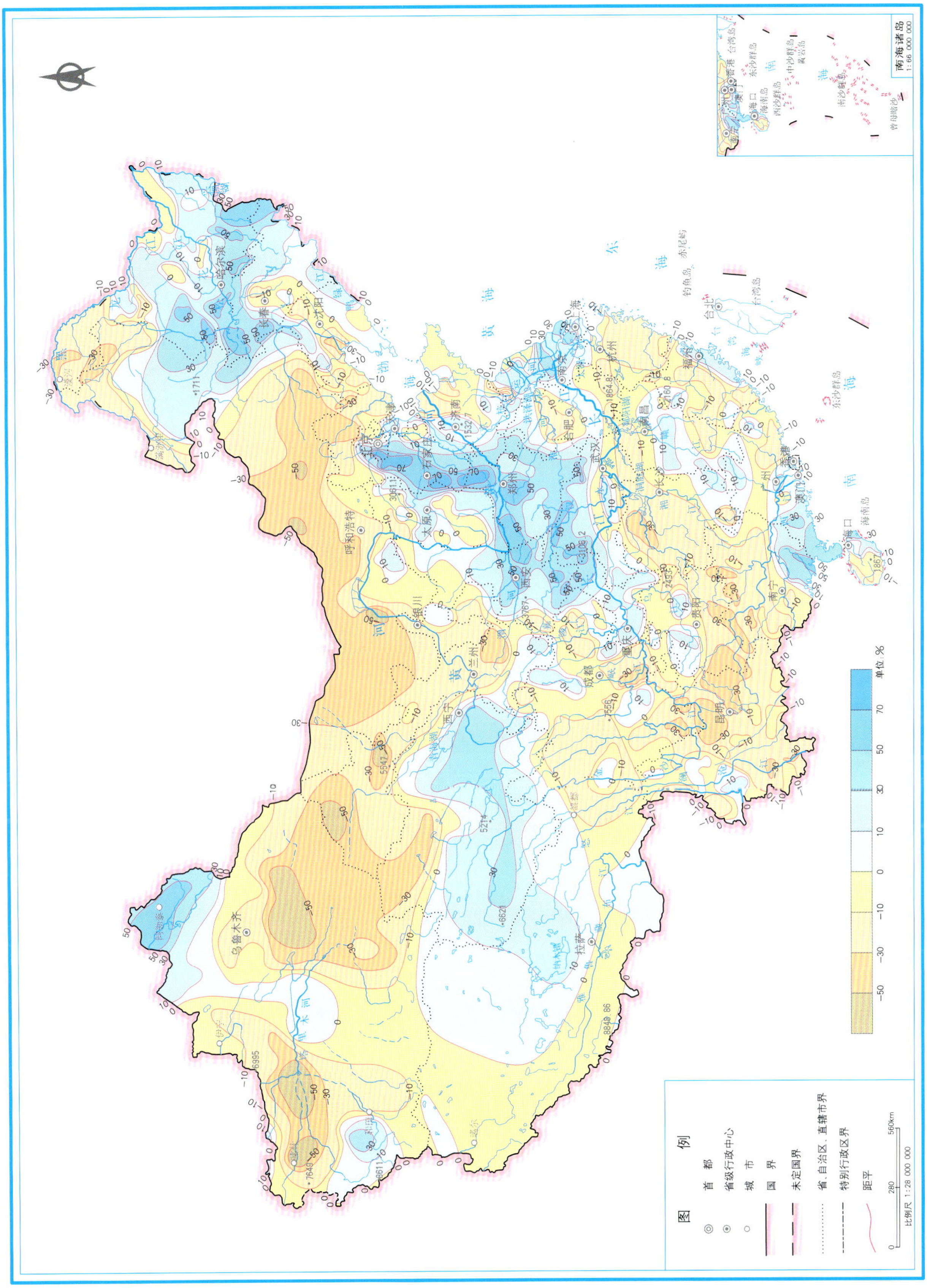

图 2 2023 年全国年降水量距平等值线

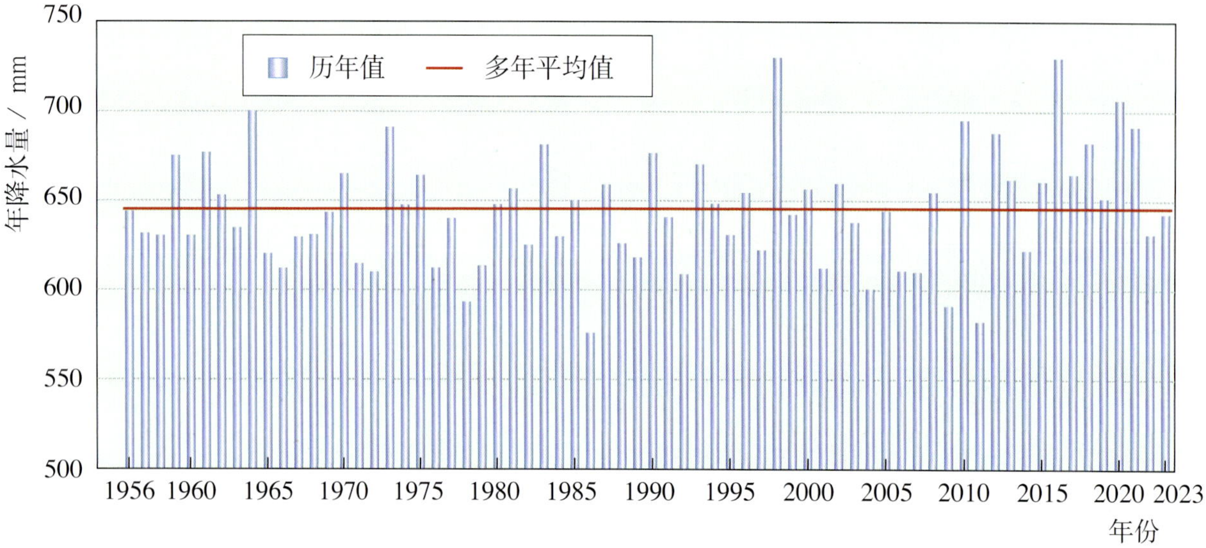

图 3　1956—2023 年全国年降水量

表 1　2023 年水资源一级区降水量

水资源一级区	降水量 / mm	与 2022 年比较 / %	与多年平均值比较 / %
全　　国	642.8	1.8	–0.2
北方 6 区	351.1	3.1	6.6
南方 4 区	1158.6	1.1	–3.5
松花江区	574.7	2.6	14.6
辽 河 区	534.2	–22.3	0.1
海 河 区	608.5	9.8	15.4
黄 河 区	491.3	5.5	8.6
淮 河 区	928.5	18.6	10.8
长 江 区	1068.2	10.2	–1.2
其中：太湖流域	1282.4	16.7	6.3
东南诸河区	1539.7	–6.7	–8.4
珠 江 区	1482.0	–14.3	–4.8
西南诸河区	1034.3	4.0	–5.3
西北诸河区	158.2	2.4	–4.1

表 2　2023 年省级行政区降水量

省级行政区	降水量 / mm	与 2022 年比较 / %	与多年平均值比较 / %
全国	642.8	1.8	–0.2
北京	727.0	50.8	27.8
天津	607.5	3.9	7.1
河北	584.2	15.0	12.2
山西	558.8	–5.7	9.4
内蒙古	260.8	–4.0	–5.0
辽宁	665.1	–27.3	–1.3
吉林	730.7	–11.0	20.1
黑龙江	621.6	7.4	16.9
上海	1280.5	19.4	14.2
江苏	1132.8	39.3	12.5
浙江	1419.9	–9.4	–12.5
安徽	1160.8	18.5	–1.5
福建	1636.8	–4.4	–3.6
江西	1641.5	2.6	–0.3
山东	688.6	–21.6	2.3
河南	1035.5	66.6	34.7
湖北	1278.7	29.5	9.8
湖南	1267.3	–2.9	–12.8
广东	1892.5	–10.5	5.9
广西	1433.7	–15.5	–7.2
海南	1836.7	–11.2	1.1
重庆	1376.1	45.6	17.3
四川	897.9	6.6	–6.7
贵州	1000.7	–1.6	–13.7
云南	1050.3	–10.5	–16.8
西藏	582.1	8.1	–0.1
陕西	786.0	17.1	19.7
甘肃	262.4	3.5	–5.9
青海	370.5	8.6	17.1
宁夏	252.9	–0.3	–12.4
新疆	148.1	4.8	–6.1

（二）地表水资源量

2023 年，全国地表水资源量为 24633.5 亿 m^3，折合年径流深为 260.4mm，比多年平均值偏少 7.2%，比 2022 年减少 5.2%。

从水资源分区看，与多年平均值比较，4 个水资源一级区地表水资源量偏多，其中海河区、松花江区分别偏多 43.0%、21.3%；淮河区接近多年平均值；5 个水资源一级区地表水资源量偏少，其中东南诸河区、珠江区分别偏少 22.1%、12.1%。与 2022 年比较，5 个水资源一级区地表水资源量增加，其中海河区增加 21.0%；5 个水资源一级区地表水资源量减少，其中辽河区、珠江区分别减少 47.5%、23.1%。2023 年水资源一级区地表水资源量见表 3。

从行政分区看，与多年平均值比较，16 个省（自治区、直辖市）地表水资源量偏多，其中北京偏多 127.9%，河北、青海、陕西、山西偏多 30% 以上；西藏接近多年平均值；14 个省（自治区）地表水资源量偏少，其中贵州偏少 37.9%，湖南、云南偏少近 30%。2023 年省级行政区地表水资源量见表 4。

表 3　2023 年水资源一级区地表水资源量

水资源一级区	地表水资源量 / 亿 m^3	与 2022 年比较 / %	与多年平均值比较 / %
全　国	24633.5	-5.2	-7.2
北方 6 区	4766.0	-4.5	11.0
南方 4 区	19867.5	-5.4	-10.8
松花江区	1515.0	-3.2	21.3
辽河区	362.1	-47.5	-7.9
海河区	245.1	21.0	43.0
黄河区	671.0	16.2	15.0
淮河区	691.6	12.5	0.4
长江区	8803.2	3.7	-9.9
其中：太湖流域	204.2	44.3	16.8
东南诸河区	1564.8	-19.4	-22.1
珠江区	4156.0	-23.1	-12.1
西南诸河区	5343.5	3.4	-7.1
西北诸河区	1281.2	-4.2	6.1

表 4　2023 年省级行政区地表水资源量

省　级 行政区	地表水资源量 / 亿 m^3	与 2022 年比较 / %	与多年平均值比较 / %
全　国	24633.5	–5.2	–7.2
北　京	21.9	196.9	127.9
天　津	12.2	10.3	19.6
河　北	121.9	37.7	35.0
山　西	102.1	–5.7	31.3
内蒙古	357.0	–2.4	–3.5
辽　宁	271.0	–47.3	–8.1
吉　林	421.7	–32.6	23.0
黑龙江	847.0	9.8	26.9
上　海	34.8	26.3	29.3
江　苏	369.7	159.5	27.4
浙　江	715.5	–22.1	–25.5
安　徽	614.3	28.9	–7.0
福　建	977.6	–16.7	–18.0
江　西	1389.3	–9.4	–10.5
山　东	157.6	–59.7	–20.5
河　南	348.9	102.6	20.6
湖　北	1071.3	55.2	8.3
湖　南	1183.2	–29.4	–29.9
广　东	1946.3	–12.1	6.1
广　西	1517.7	–31.2	–20.1
海　南	319.1	–10.4	1.8
重　庆	698.4	87.0	26.0
四　川	2165.4	–1.9	–15.5
贵　州	647.1	–29.1	–37.9
云　南	1502.3	–13.8	–29.8
西　藏	4427.3	6.9	0.0
陕　西	508.7	53.8	32.3
甘　肃	213.7	–3.6	–17.6
青　海	837.9	18.4	33.6
宁　夏	6.5	–7.5	–27.7
新　疆	826.2	–5.2	4.4

从中国流出国境的水量为5432.0亿m^3，流入界河的水量为1263.2亿m^3，国境外流入中国境内的水量为198.7亿m^3。

全国入海水量为13123.1亿m^3，其中辽河区156.1亿m^3，海河区130.7亿m^3，黄河区222.6亿m^3，淮河区412.5亿m^3，长江区7040.0亿m^3，东南诸河区1377.0亿m^3，珠江区3784.1亿m^3。与多年平均值相比，全国入海水量偏少20.9%。与2022年相比，全国入海水量减少2670.1亿m^3，各水资源一级区入海水量均有不同程度的减少，其中珠江区、长江区入海水量分别减少1155.5亿m^3、819.0亿m^3。

（三）地下水资源量

2023年，全国地下水资源量为7807.1亿m^3，比多年平均值偏少2.6%，比2022年减少1.5%。其中，平原区地下水资源量为1844.3亿m^3，山丘区地下水资源量为6197.8亿m^3，平原区与山丘区之间的重复计算量为235.0亿m^3。

全国平原浅层地下水总补给量为1913.4亿m^3，比2022年增加3.6%。南方4区平原浅层地下水计算面积占全国平原区面积的9%，地下水总补给量为365.5亿m^3；北方6区计算面积占91%，地下水总补给量为1547.9亿m^3。其中，松花江区344.2亿m^3，辽河区107.5亿m^3，海河区217.0亿m^3，黄河区171.6亿m^3，淮河区318.2亿m^3，西北诸河区389.5亿m^3。在北方6区平原地下水总补给量中，降水入渗补给量、地表水体入渗补给量、山前侧渗补给量和井灌回归补给量分别占56.3%、32.7%、6.6%和4.4%。松花江区、辽河区、海河区、黄河区和淮河区平原以降水入渗补给量为主，占总补给量的50%~85%；而西北诸河区平原以地表水体入渗补给量为主，占总补给量的70.7%。2023年北方各水资源一级区平原地下水补给量组成见图4。

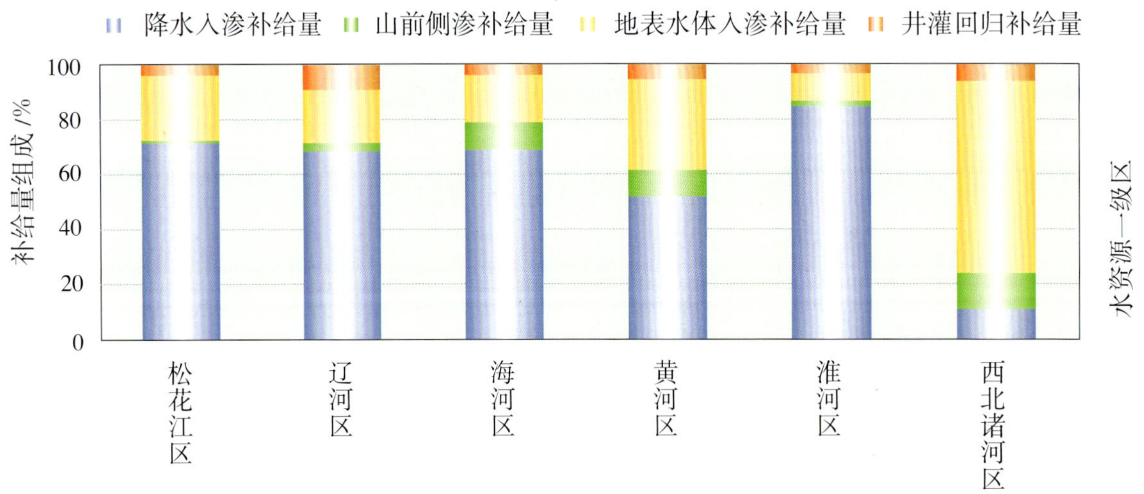

图4　2023年北方各水资源一级区平原地下水补给量组成

（四）水资源总量

2023年，全国水资源总量为25782.5亿m^3，比多年平均值偏少6.6%，比2022年减少4.8%。其中，地表水资源量为24633.5亿m^3，地下水资源量为7807.1亿m^3，地下水与地表水资源不重复量为1149.0亿m^3。全国水资源总量占降水总量的42.4%，平均单位面积产水量为27.3万m^3/km^2。2023年水资源一级区水资源总量见表5，与多年平均值比较见图5。2023年省级行政区水资源总量见表6，与多年平均值比较见图6。

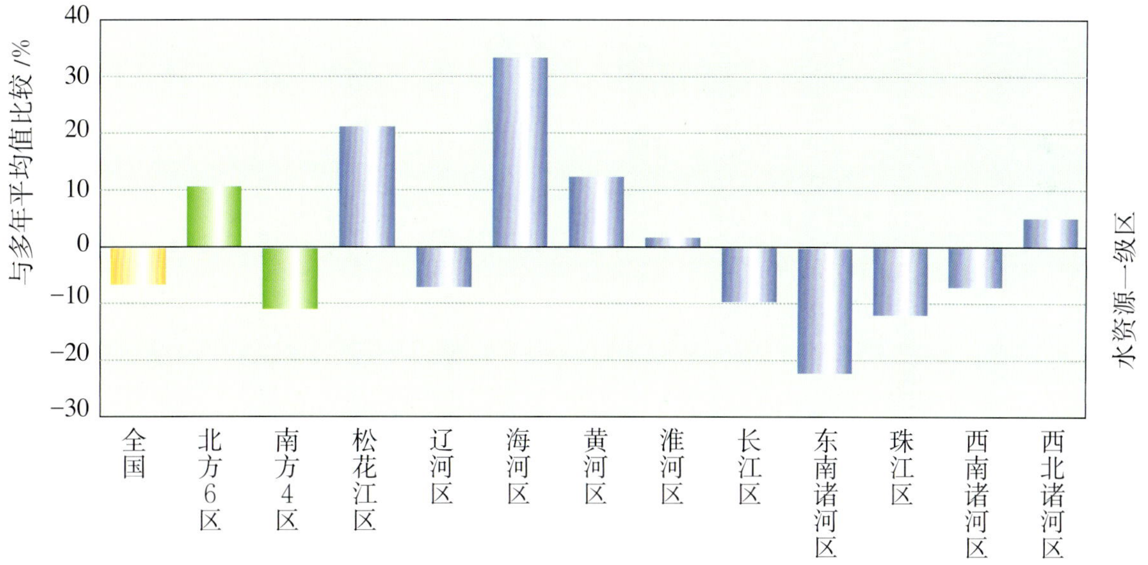

图5　2023年水资源一级区水资源总量与多年平均值比较

表 5　2023 年水资源一级区水资源总量

水资源一级区	降水量 / mm	地表水资源量 / 亿 m³	地下水资源量 / 亿 m³	地下水与地表水资源不重复量 / 亿 m³	水资源总量 / 亿 m³
全　国	642.8	24633.5	7807.1	1149.0	25782.5
北方 6 区	351.1	4766.0	2662.9	1011.8	5777.8
南方 4 区	1158.6	19867.5	5144.2	137.2	20004.7
松花江区	574.7	1515.0	569.7	266.3	1781.3
辽 河 区	534.2	362.1	184.2	86.9	449.1
海 河 区	608.5	245.1	315.8	192.0	437.1
黄 河 区	491.3	671.0	419.0	118.7	789.7
淮 河 区	928.5	691.6	424.5	252.6	944.1
长 江 区	1068.2	8803.2	2326.6	106.8	8910.0
其中：太湖流域	1282.4	204.2	45.0	15.5	219.7
东南诸河区	1539.7	1564.8	406.4	11.3	1576.0
珠 江 区	1482.0	4156.0	1111.0	19.2	4175.2
西南诸河区	1034.3	5343.5	1300.2	0.0	5343.5
西北诸河区	158.2	1281.2	749.7	95.3	1376.5

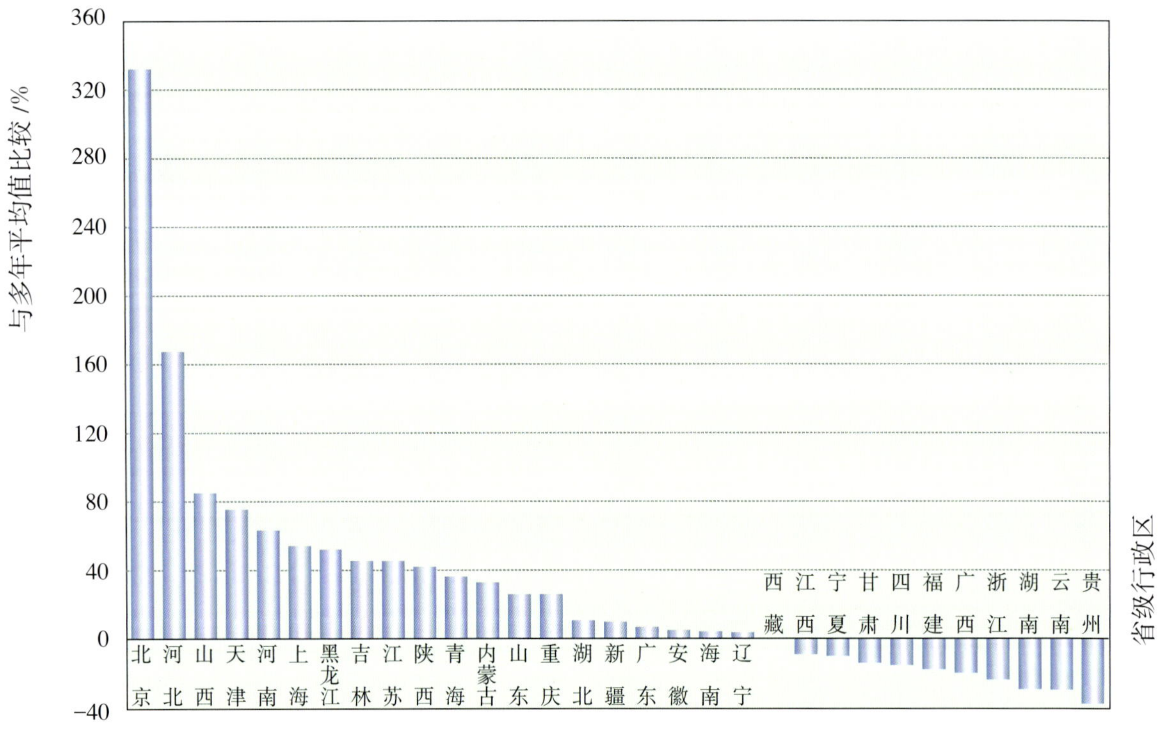

图 6　2023 年省级行政区水资源总量与多年平均值比较

表 6　2023 年省级行政区水资源总量

省级行政区	降水量 / mm	地表水资源量 / 亿 m^3	地下水资源量 / 亿 m^3	地下水与地表水资源不重复量 / 亿 m^3	水资源总量 / 亿 m^3
全　国	642.8	24633.5	7807.1	1149.0	25782.5
北　京	727.0	21.9	28.5	19.6	41.5
天　津	607.5	12.2	7.0	5.7	17.8
河　北	584.2	121.9	182.8	119.5	241.4
山　西	558.8	102.1	103.3	41.8	143.9
内蒙古	260.8	357.0	215.1	134.9	491.9
辽　宁	665.1	271.0	109.4	34.6	305.5
吉　林	730.7	421.7	164.0	77.1	498.8
黑龙江	621.6	847.0	346.1	168.0	1015.0
上　海	1280.5	34.8	9.8	6.7	41.5
江　苏	1132.8	369.7	122.7	52.3	422.1
浙　江	1419.9	715.5	187.7	14.7	730.1
安　徽	1160.8	614.3	187.1	78.5	692.8
福　建	1636.8	977.6	259.5	1.8	979.4
江　西	1641.5	1389.3	341.4	20.3	1409.5
山　东	688.6	157.6	159.7	92.2	249.8
河　南	1035.5	348.9	230.3	123.5	472.3
湖　北	1278.7	1071.3	307.0	22.9	1094.2
湖　南	1267.3	1183.2	312.8	6.9	1190.1
广　东	1892.5	1946.3	483.0	9.7	1956.0
广　西	1433.7	1517.7	409.5	2.5	1520.2
海　南	1836.7	319.1	88.7	7.0	326.1
重　庆	1376.1	698.4	117.7	0.0	698.4
四　川	897.9	2165.4	540.0	1.4	2166.8
贵　州	1000.7	647.1	240.1	0.0	647.1
云　南	1050.3	1502.3	533.1	0.0	1502.3
西　藏	582.1	4427.3	1001.7	0.0	4427.3
陕　西	786.0	508.7	167.2	37.6	546.3
甘　肃	262.4	213.7	107.9	9.0	222.6
青　海	370.5	837.9	361.7	17.4	855.4
宁　夏	252.9	6.5	14.6	1.6	8.1
新　疆	148.1	826.2	467.7	42.2	868.3

1956—2023年全国及南北方区水资源总量变化见图7。与多年平均值比较，全国水资源总量1990—1999年偏多4.2%，2000—2009年偏少3.6%，2010—2019年偏多3.1%，2020—2023年偏多3.3%。南方4区1990—1999年偏多5.1%，2000—2009年偏少3.0%，2010—2019年偏多2.7%，2020—2023年偏少1.4%；北方6区1990—1999年接近多年平均值，2000—2009年偏少6.3%，2010—2019年偏多4.5%，2020—2023年偏多23.7%。

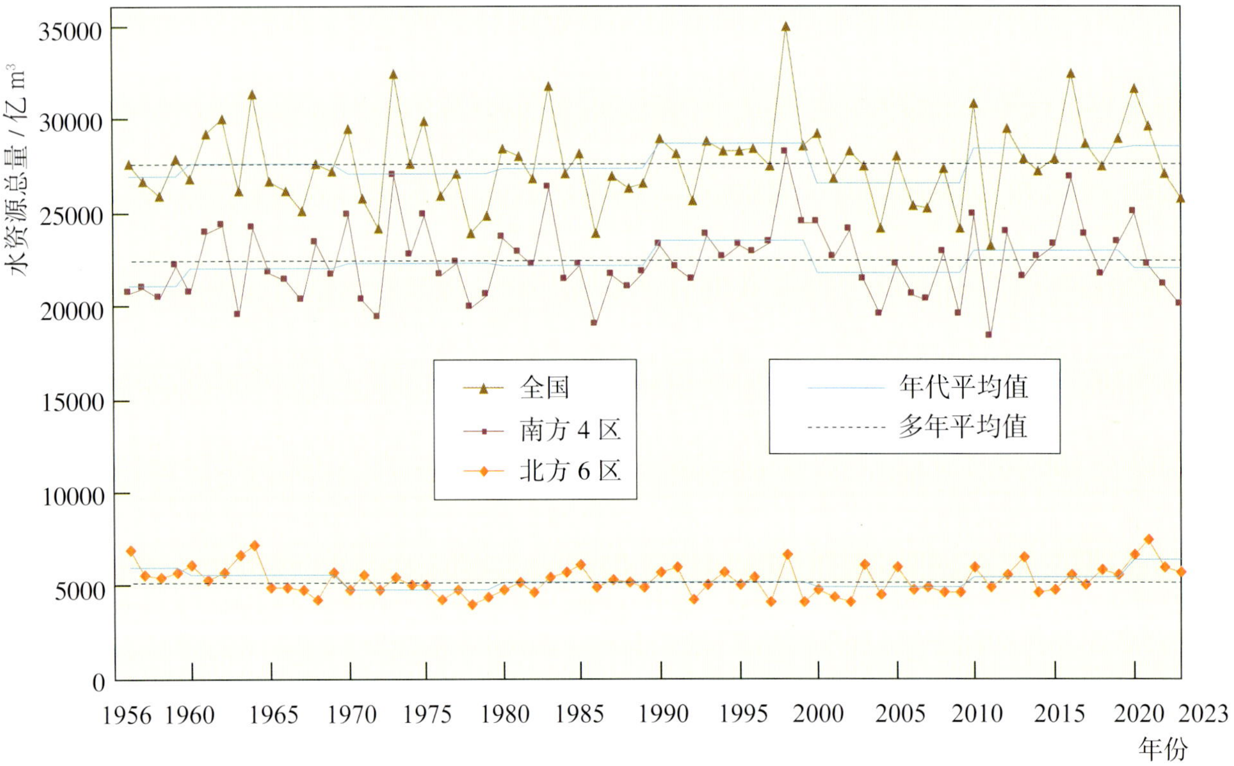

图7　1956—2023年全国及南北方区水资源总量变化

三、蓄水动态

（一）大中型水库蓄水动态

2023 年，全国统计的 768 座大型水库和 3942 座中型水库年末蓄水总量为 4594.5 亿 m^3，比年初蓄水总量增加 390.4 亿 m^3。其中，大型水库年末蓄水量为 4097.2 亿 m^3，比年初增加 361.1 亿 m^3；中型水库年末蓄水量为 497.3 亿 m^3，比年初增加 29.3 亿 m^3。

从水资源分区看，长江区、黄河区、淮河区、西北诸河区、东南诸河区 5 个水资源一级区水库年末蓄水量分别增加 342.2 亿 m^3、49.2 亿 m^3、14.8 亿 m^3、11.4 亿 m^3 和 6.0 亿 m^3；辽河区、松花江区、珠江区、西南诸河区、海河区 5 个水资源一级区水库年末蓄水量分别减少 15.4 亿 m^3、9.3 亿 m^3、3.3 亿 m^3、3.1 亿 m^3 和 2.1 亿 m^3。2023 年水资源一级区大中型水库年蓄水量变化见图 8。

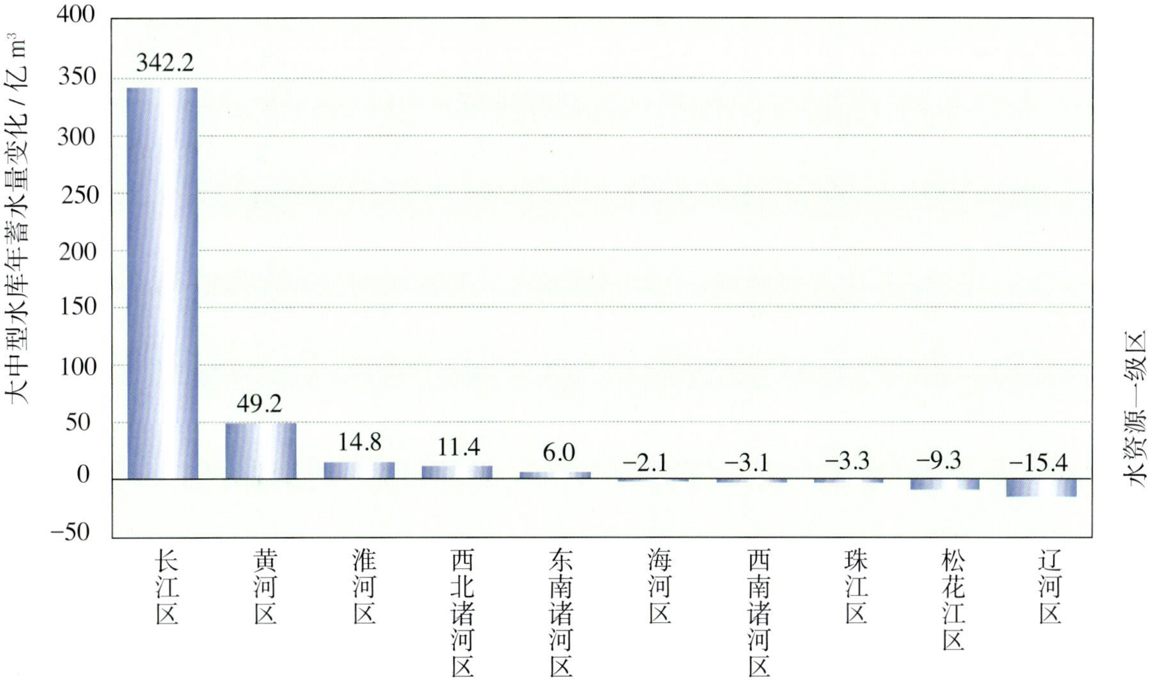

图 8　2023 年水资源一级区大中型水库年蓄水量变化

从行政分区看，湖北、湖南、河南、青海、贵州等19个省（自治区、直辖市）的水库蓄水量增加，共增加蓄水量452.2亿 m^3；吉林、辽宁、山东等11个省（自治区、直辖市）的水库蓄水量减少，共减少蓄水量61.8亿 m^3。2023年省级行政区大中型水库年蓄水量变化见图9。

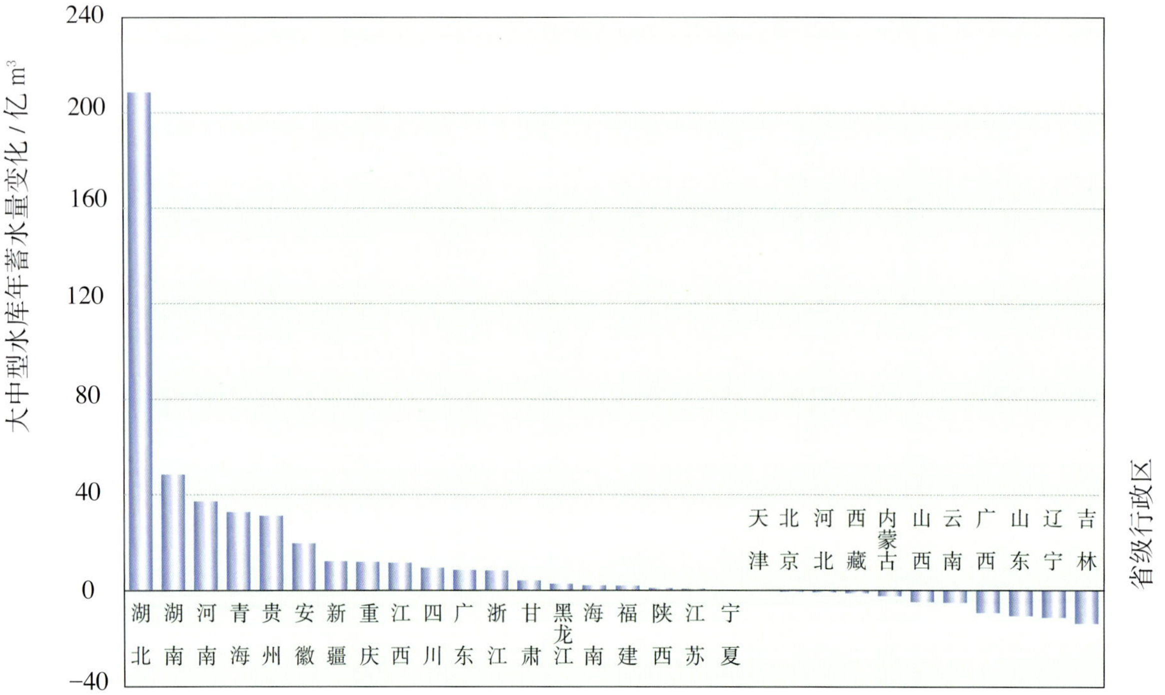

图9 2023年省级行政区大中型水库年蓄水量变化

（二）湖泊蓄水动态

2023年，监测的75个湖泊年末蓄水总量为1477.6亿 m^3，比年初蓄水总量增加26.5亿 m^3。其中，洪泽湖、梁子湖、高邮湖、鄱阳湖年末蓄水量分别比年初增加16.9亿 m^3、4.2亿 m^3、3.0亿 m^3 和2.8亿 m^3，洪湖、青海湖、华阳河湖泊群分别减少3.5亿 m^3、3.1亿 m^3 和2.9亿 m^3。2023年水面面积200 km^2 以上且有监测资料的湖泊蓄水量见表7。

（三）地下水动态

2023年年末，与上年同期相比，50.0%的浅层孔隙水水位监测站、54.3%的深层孔隙水水位监测站，46.2%的裂隙水水位监测站，51.8%的岩溶水水位监测站，水位呈弱上升或上升态势。

表 7　2023 年水面面积 200km² 以上且有监测资料的湖泊蓄水量

湖　泊	省级行政区	蓄水量 / 亿 m^3		
		年初	年末	蓄水变量
查干湖	吉林	11.0	9.4	–1.6
太　湖	江苏、浙江	51.4	51.1	–0.2
洪泽湖	江苏	25.4	42.4	16.9
高邮湖	江苏	9.3	12.4	3.0
骆马湖	江苏	6.7	8.1	1.4
巢　湖	安徽	23.9	24.8	0.9
华阳河湖泊群	安徽	13.4	10.5	–2.9
鄱阳湖	江西	7.3	10.1	2.8
南四湖上级湖	山东、江苏	10.5	10.8	0.3
南四湖下级湖		5.1	7.0	1.9
洪　湖	湖北	5.0	1.5	–3.5
梁子湖	湖北	7.4	11.6	4.2
洞庭湖	湖南	5.8	6.4	0.6
滇　池	云南	14.6	15.2	0.6
洱　海	云南	27.5	28.3	0.9
抚仙湖	云南	200.0	198.6	–1.4
青海湖（咸水湖）	青海	904.2	901.1	–3.1

从水资源分区看，5 个水资源一级区地下水水位呈弱上升或上升态势的监测站点比例超过了 50%，其中，西南诸河区、松花江区、长江区、淮河区、海河区的比例分别为 68.3%、66.2%、64.7%、60.2% 和 53.9%；5 个水资源一级区地下水水位呈弱下降或下降态势的监测站点比例超过了 50%，其中，辽河区和西北诸河区地下水水位呈弱下降或下降态势的占比分别为 88.5% 和 75.3%。

在 29 个监测浅层地下水的主要平原及盆地中，河南南襄山间平原、陕西关中平原、江汉平原共3个平原浅层地下水水位呈上升态势，分别上升2.7m、1.1m、0.9m；三江平原、松嫩平原、穆棱河兴凯湖平原、海河平原、长治盆地、黄淮平原、宁夏银川卫宁平原、鄱阳湖平原、成都平原共 9 个平原及盆地浅层地下水水位呈弱上升态势；辽河平原、忻定盆地、运城盆地、太原盆地、长江三角洲平原、浙东沿海平原、广东珠江三角洲平原、雷州半岛平原、琼北台地平原、甘肃河西走廊平原、新疆塔里木盆地、新疆准噶尔盆地共 12 个平原及盆地浅层地下水水位呈弱下降态势；大同盆地、临汾盆地、内蒙古呼包平原、内蒙古河套平原、青海柴达木盆地共 5 个平原及盆地浅层地下水水位呈下降态势，其中内蒙古河套平原下降 1.9m，大同盆地下降 1.7m。

在 21 个监测深层地下水的主要平原及盆地中，运城盆地、陕西关中平原、江汉平原、河南南襄山间平原、雷州半岛平原共 5 个平原及盆地深层地下水水位呈上升态势，上升幅度为 0.6~2.1m；松嫩平原、长治盆地、黄淮平原、宁夏银川卫宁平原、鄱阳湖平原、长江三角洲平原、新疆准噶尔盆地共 7 个平原及盆地深层地下水水位呈弱上升态势；临汾盆地、浙东沿海平原、琼北台地平原共 3 个平原及盆地深层地下水水位呈弱下降态势；辽河平原、海河平原、大同盆地、忻定盆地、太原盆地、新疆塔里木盆地共 6 个平原及盆地深层地下水水位呈下降态势，其中大同盆地下降 1.4m，海河平原、辽河平原和新疆塔里木盆地均下降 1.0m。

四、水资源开发利用

（一）供水量

2023 年，全国供水总量为 5906.5 亿 m^3，占当年水资源总量的 22.9%。其中，地表水源供水量为 4874.7 亿 m^3，占供水总量的 82.5%；地下水源供水量为 819.5 亿 m^3，占供水总量的 13.9%；非常规水源供水量为 212.3 亿 m^3，占供水总量的 3.6%。与 2022 年相比，供水总量减少 91.7 亿 m^3，其中，地表水源供水量减少 119.5 亿 m^3，地下水源供水量减少 8.7 亿 m^3，非常规水源供水量增加 36.5 亿 m^3。

在地表水源供水量中，蓄水工程供水量占 31.0%，引水工程供水量占 31.8%，提水工程供水量占 32.8%，水资源一级区间调水量占 4.4%。全国跨水资源一级区调水主要分布在黄河下游向其左、右两侧的海河区和淮河区的调水，以及长江中下游向淮河区、海河区和黄河区的调水。2023 年水资源一级区间跨流域调水量见表 8。

表 8　2023 年水资源一级区间跨流域调水量　　单位：亿 m^3

调出区	调入区							调出水量合计
	海河区	黄河区	淮河区	长江区	珠江区	西南诸河区	西北诸河区	
海河区		0.05						0.05
黄河区	42.22		32.59				4.65	79.46
淮河区				8.48				8.48
长江区	53.20	2.24	60.29		0.44	0.02		116.18
东南诸河区				9.56				9.56
珠江区				0.09				0.09
西南诸河区				0.56	0.12			0.68
调入水量合计	95.42	2.29	92.88	18.69	0.55	0.02	4.65	214.50

在地下水源供水量中，浅层地下水占 97.7%，深层地下水占 2.3%。

在非常规水源供水量中，再生水、集蓄雨水利用量分别占 83.7%、5.1%。

2023 年水资源一级区供水量见表 9，供水量组成见图 10。2023 年省级行政区供水量见表 10，供水量组成见图 11。

1997 年以来全国供水总量总体呈缓慢上升趋势，2013 年后变化相对平稳。其中，地表水源和非常规水源供水量总体呈持续增加态势，地下水源供水量从缓慢增加转向持续减少态势。在地表水源中，跨水资源一级区调水量总体呈持续增加态势；在地下水源中，深层地下水供水量呈持续减少态势。地表水源及非常规水源供水量占供水总量的比例逐渐增加，地下水源供水量占供水总量的比例有所减少。

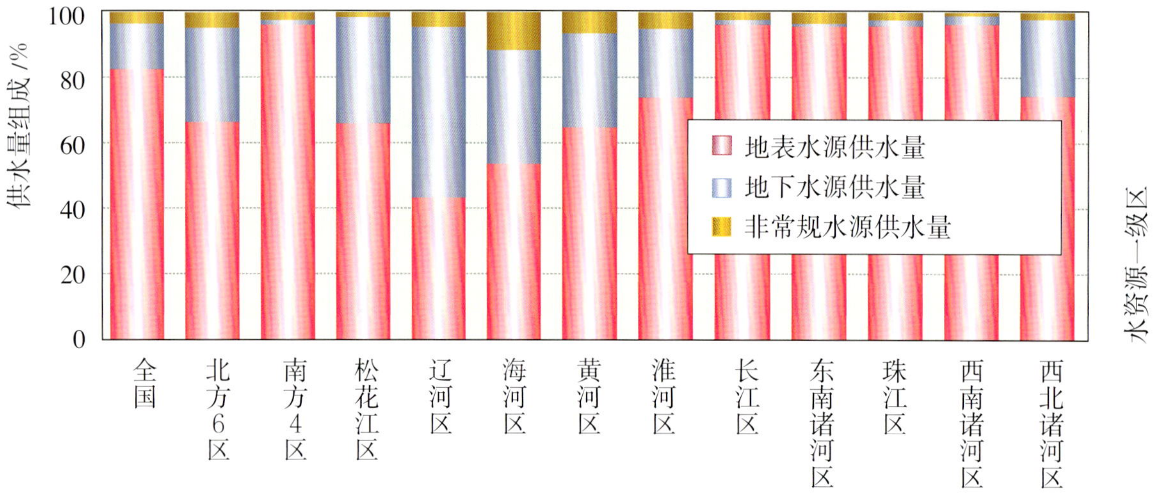

图 10　2023 年水资源一级区供水量组成

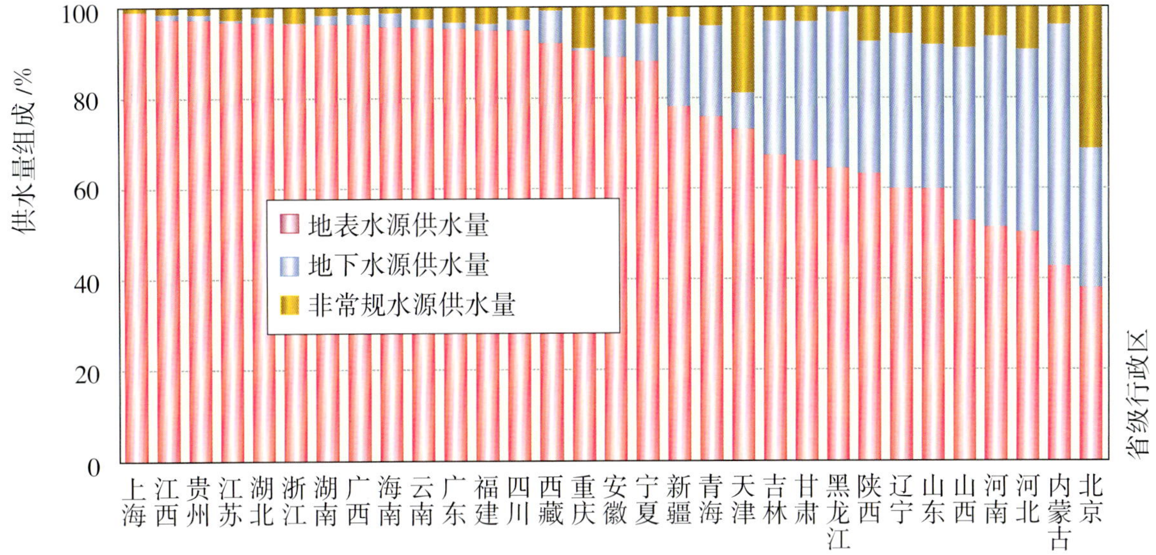

图 11　2023 年省级行政区供水量组成

（二）用水量

2023 年，全国用水总量为 5906.5 亿 m³。其中，生活用水量为 909.8 亿 m³（其中居民生活用水量为 642.5 亿 m³），占用水总量的 15.4%；工业用水量为 970.2 亿 m³［其中直流火（核）电冷却用水量为 490.0 亿 m³］，占用水总量的 16.4%；农业用水量为 3672.4 亿 m³（其中耕地灌溉用水量为 3160.2 亿 m³），占用水总量的 62.2%；人工生态环境补水量为 354.1 亿 m³，占用水总量的 6.0%。

与 2022 年相比，用水总量减少 91.7 亿 m³，其中，生活用水量增加 4.1 亿 m³，工业用水量增加 1.8 亿 m³，农业用水量减少 108.9 亿 m³，人工生态环境补水量增加 11.3 亿 m³。

2023 年水资源一级区用水量见表 9。2023 年省级行政区用水量见表 10，省级行政区用水量组成见图 12。

表 9　2023 年水资源一级区供水量和用水量

单位：亿 m³

水资源一级区	供水量				用水量					
	地表水	地下水	非常规水源	供水总量	生活	工业	其中：直流火（核）电	农业	人工生态环境补水	用水总量
全　国	4874.7	819.5	212.3	5906.5	909.8	970.2	490.0	3672.4	354.1	5906.5
北方 6 区	1786.2	769.7	132.3	2688.2	310.7	205.7	13.7	1946.4	225.4	2688.2
南方 4 区	3088.5	49.8	80.0	3218.3	599.1	764.5	476.3	1726.0	128.7	3218.3
松花江区	273.3	134.2	6.6	414.0	27.1	20.8	6.6	346.1	20.1	414.0
辽 河 区	86.1	103.5	9.3	198.8	31.4	17.7	0.1	137.3	12.3	198.8
海 河 区	199.7	129.1	43.6	372.4	71.2	39.4	0.2	184.9	77.0	372.4
黄 河 区	248.2	109.5	25.6	383.3	56.4	43.6	0.0	251.5	31.8	383.3
淮 河 区	431.6	122.1	30.5	584.2	100.8	66.7	6.7	378.6	38.1	584.2
长 江 区	1974.0	30.9	48.8	2053.7	346.0	589.2	413.8	1035.5	83.0	2053.7
其中：太湖流域	334.6	0.0	8.8	343.4	62.1	211.9	174.8	59.8	9.6	343.4
东南诸河区	273.1	2.2	10.3	285.7	68.7	51.5	10.4	144.6	20.9	285.7
珠 江 区	738.9	13.8	19.6	772.4	172.2	118.6	52.1	458.6	23.0	772.4
西南诸河区	102.4	2.9	1.2	106.5	12.3	5.1	0.0	87.4	1.7	106.5
西北诸河区	547.2	171.3	16.8	735.4	23.8	17.5	0.2	647.8	46.2	735.4

表 10　2023 年省级行政区供水量和用水量　　单位：亿 m³

省级行政区	供水量				用水量					
	地表水	地下水	非常规水源	供水总量	生活	工业	其中：直流火（核）电	农业	人工生态环境补水	用水总量
全国	4874.7	819.5	212.3	5906.5	909.8	970.2	490.0	3672.4	354.1	5906.5
北京	15.5	12.4	12.8	40.7	19.0	2.8	0.0	2.5	16.4	40.7
天津	23.9	2.6	6.2	32.7	7.6	4.6	0.0	9.4	11.2	32.7
河北	94.0	75.0	17.6	186.5	28.0	16.2	0.2	100.7	41.6	186.5
山西	36.9	26.6	6.2	69.7	15.2	11.6	0.0	37.8	5.1	69.7
内蒙古	86.8	108.2	7.9	202.9	11.2	14.8	0.0	154.1	22.8	202.9
辽宁	75.7	43.0	7.5	126.1	26.4	14.7	0.0	74.6	10.4	126.1
吉林	71.1	31.0	3.3	105.4	13.1	8.6	2.2	77.4	6.2	105.4
黑龙江	186.4	99.5	3.1	288.9	14.7	11.6	4.5	259.4	3.2	288.9
上海	103.9	0.0	0.9	104.8	24.2	66.0	57.1	13.7	1.0	104.8
江苏	553.9	2.5	15.0	571.4	66.0	251.9	206.2	240.0	13.4	571.4
浙江	163.7	0.1	5.8	169.6	53.6	36.3	0.4	73.1	6.7	169.6
安徽	243.8	22.2	7.8	273.7	36.5	79.9	51.8	148.2	9.1	273.7
福建	159.8	2.3	6.1	168.1	30.1	23.9	10.0	97.6	16.5	168.1
江西	234.7	2.6	3.4	240.6	29.5	37.9	19.8	169.2	4.0	240.6
山东	133.8	71.1	18.6	223.4	43.7	33.5	0.0	128.1	18.1	223.4
河南	107.5	87.8	13.5	208.8	42.1	20.7	0.8	118.6	27.3	208.8
湖北	325.3	4.3	6.7	336.4	52.5	70.0	38.4	189.7	24.2	336.4
湖南	297.8	6.0	5.1	308.9	45.5	51.1	38.8	197.2	15.1	308.9
广东	382.0	5.3	13.1	400.4	115.9	73.6	29.0	197.5	13.4	400.4
广西	249.1	5.5	3.9	258.5	35.3	35.4	23.1	182.5	5.3	258.5
海南	43.7	1.4	0.5	45.6	9.7	1.7	0.0	32.1	2.1	45.6
重庆	64.1	0.4	6.3	70.8	22.3	21.4	7.5	25.5	1.6	70.8
四川	239.8	5.7	7.0	252.5	59.8	20.7	0.0	162.0	10.1	252.5
贵州	90.8	1.0	1.4	93.2	20.8	11.0	0.0	60.3	1.2	93.2
云南	155.2	3.0	4.1	162.3	26.4	13.1	0.0	113.9	8.8	162.3
西藏	29.7	2.3	0.2	32.2	3.0	1.2	0.0	27.6	0.3	32.2
陕西	59.2	27.3	7.1	93.6	20.7	10.5	0.0	55.0	7.4	93.6
甘肃	76.5	35.5	3.8	115.8	10.7	6.4	0.0	91.4	7.3	115.8
青海	18.9	5.0	1.0	24.9	3.1	3.2	0.0	16.7	1.9	24.9
宁夏	57.1	5.2	2.4	64.8	3.7	4.9	0.0	53.0	3.3	64.8
新疆	494.5	124.8	14.0	633.3	19.4	11.3	0.2	563.6	39.1	633.3

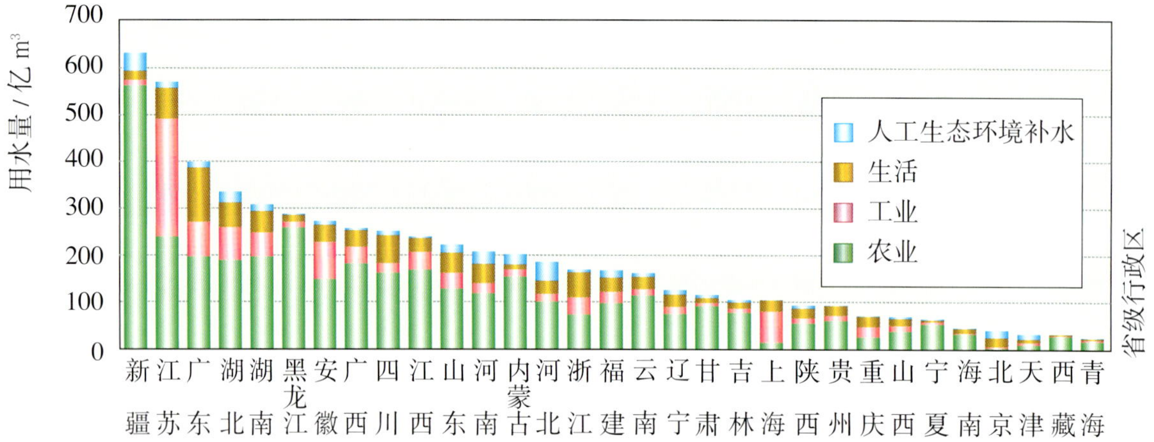

图 12 2023 年省级行政区用水量组成

1997 年以来全国用水总量总体呈缓慢上升趋势，2013 年后变化相对平稳。其中，生活用水量呈持续增加态势，工业用水量从总体增加转为逐渐趋稳，近年来有所下降；农业用水量受当年降水和实际灌溉面积的影响波动。生活用水量占用水总量的比例逐渐增加，农业用水量和工业用水量占用水总量的比例有所减少。1997—2023 年全国用水量变化见图 13。

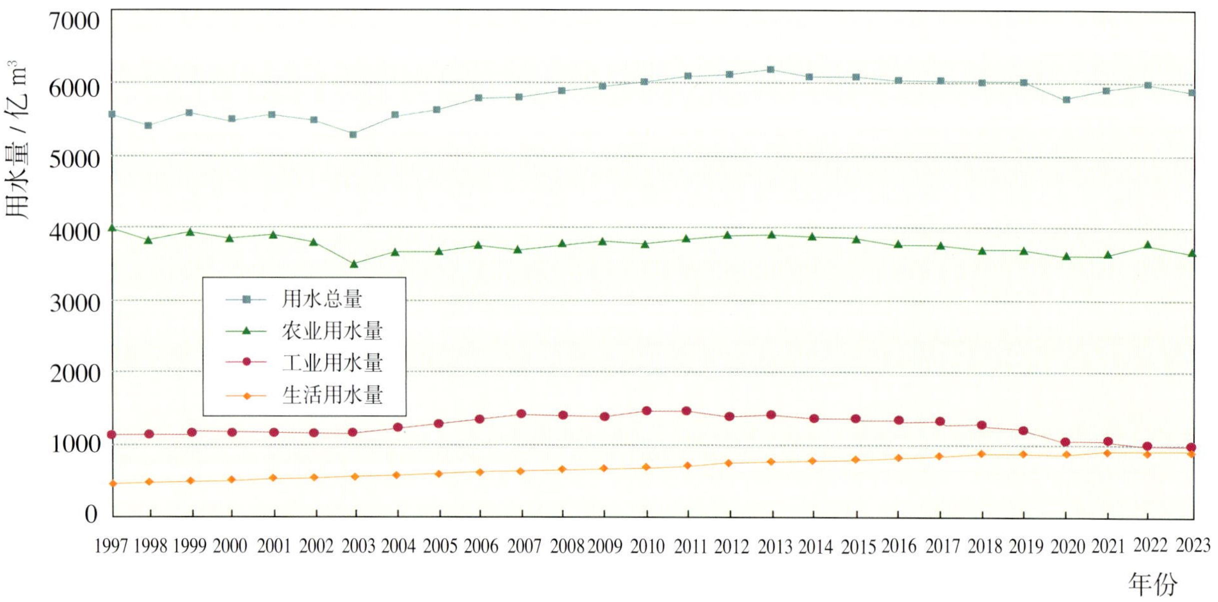

图 13 1997—2023 年全国用水量变化

按居民生活用水、生产用水、人工生态环境补水划分，2023 年全国居民生活用水量占用水总量的 10.9%，生产用水量占 83.1%，人工生态环境补水量占 6.0%。在生产用水中，第一产业用水量占用水总量的 62.2%，第二产业用水量占 17.0%，第三产业用水量占 3.9%。

（三）用水消耗量

2023 年，全国用水消耗量为 3201.7 亿 m^3，耗水率为 54.2%。其中，农业用水消耗量为 2421.5 亿 m^3，占总消耗量的 75.6%，耗水率为 65.9%；工业用水消耗量为 215.8 亿 m^3，占总消耗量的 6.7%，耗水率为 22.2%；生活用水消耗量为 352.6 亿 m^3，占总消耗量的 11.1%，耗水率为 38.8%；人工生态环境补水耗水量为 211.8 亿 m^3，占总消耗量的 6.6%，耗水率为 59.8%。

（四）用水指标

2023 年，全国人均综合用水量为 419m^3，万元国内生产总值（当年价）用水量为 46.9m^3。耕地实际灌溉亩均用水量为 347m^3，农田灌溉水有效利用系数为 0.576，万元工业增加值（当年价）用水量为 24.3m^3，人均生活用水量为 177L/d，人均居民生活用水量为 125L/d。2023 年水资源一级区、省级行政区主要用水指标分别见表 11 和表 12。

根据《中国水资源公报》，1997 年以来全国用水效率明显提高，万元国内生产总值用水量和万元工业增加值用水量均呈显著下降趋势；耕地实际灌溉亩均用水量受降水量影响，年际间有波动变化，长期来看，总体呈缓慢下降趋势；人均综合用水量基本维持在 400 ~ 450m^3 之间。1997—2023 年全国主要用水指标变化见图 14。2023 年与 1997 年比较，耕地实际灌溉亩均用水量由 492m^3 下降到 347m^3；万元国内生产总值用水量、万元工业增加值用水量分别下降了 86.4%、89.7%（按可比价计算）。与 2022 年相比，万元国内生产总值用水量和万元工业增加值用水量分别下降 6.4% 和 3.9%（按可比价计算）。

表 11　2023 年水资源一级区主要用水指标

水资源一级区	人均综合用水量/m³	万元国内生产总值用水量/m³	耕地实际灌溉亩均用水量/m³	人均生活用水量/(L/d)		万元工业增加值用水量/m³
					人均居民生活用水量/(L/d)	
全　国	419	46.9	347	177	125	24.3
松花江区	766	137.1	368	137	102	43.4
辽 河 区	379	55.9	232	164	114	16.2
海 河 区	249	28.5	161	130	93	11.6
黄 河 区	316	41.3	258	128	93	11.8
淮 河 区	283	34.9	215	134	102	12.8
长 江 区	438	45.3	408	202	139	42.5
其中：太湖流域	502	27.8	450	249	152	51.2
东南诸河区	312	25.2	457	205	137	12.7
珠 江 区	369	41.7	658	226	159	19.5
西南诸河区	504	92.4	409	159	113	26.3
西北诸河区	2146	285.3	497	191	153	19.3

表 12　2023 年省级行政区主要用水指标

省级行政区	人均综合用水量 / m^3	万元国内生产总值用水量 / m^3	耕地实际灌溉亩均用水量 / m^3	农田灌溉水有效利用系数	人均生活用水量 / (L/d)	人均居民生活用水量 / (L/d)	万元工业增加值用水量 / m^3
全　国	419	46.9	347	0.576	177	125	24.3
北　京	186	9.3	127	0.752	238	145	5.6
天　津	240	19.5	230	0.723	152	105	8.6
河　北	252	42.4	152	0.678	104	79	11.6
山　西	201	27.1	167	0.571	120	90	9.5
内蒙古	846	82.4	207	0.583	128	89	15.0
辽　宁	301	41.7	341	0.593	173	118	14.4
吉　林	450	77.9	285	0.608	153	108	23.2
黑龙江	938	181.9	421	0.612	131	101	29.2
上　海	422	22.2	434	0.740	267	154	60.8
江　苏	671	44.6	400	0.622	212	141	51.2
浙　江	257	20.5	376	0.612	222	142	12.3
安　徽	447	58.2	242	0.572	163	125	57.0
福　建	402	30.9	589	0.569	197	135	12.9
江　西	532	74.7	566	0.538	179	133	33.9
山　东	220	24.3	158	0.650	118	88	11.5
河　南	212	35.3	151	0.627	117	91	12.3
湖　北	576	60.3	379	0.542	246	150	42.8
湖　南	469	61.8	474	0.560	189	135	35.1
广　东	316	29.5	726	0.535	250	167	15.1
广　西	513	95.0	732	0.525	192	153	51.1
海　南	440	60.4	742	0.577	257	182	19.5
重　庆	221	23.5	300	0.513	191	140	25.6
四　川	302	42.0	356	0.503	196	147	12.4
贵　州	241	44.6	378	0.498	147	116	19.3
云　南	347	54.1	345	0.518	154	113	18.2
西　藏	882	134.4	513	0.460	229	135	48.2
陕　西	237	27.7	260	0.584	144	101	7.9
甘　肃	467	97.6	421	0.582	119	94	18.8
青　海	418	65.4	432	0.509	143	95	24.9
宁　夏	889	121.9	515	0.579	139	84	22.8
新　疆	2443	331.1	523	0.581	205	169	17.5

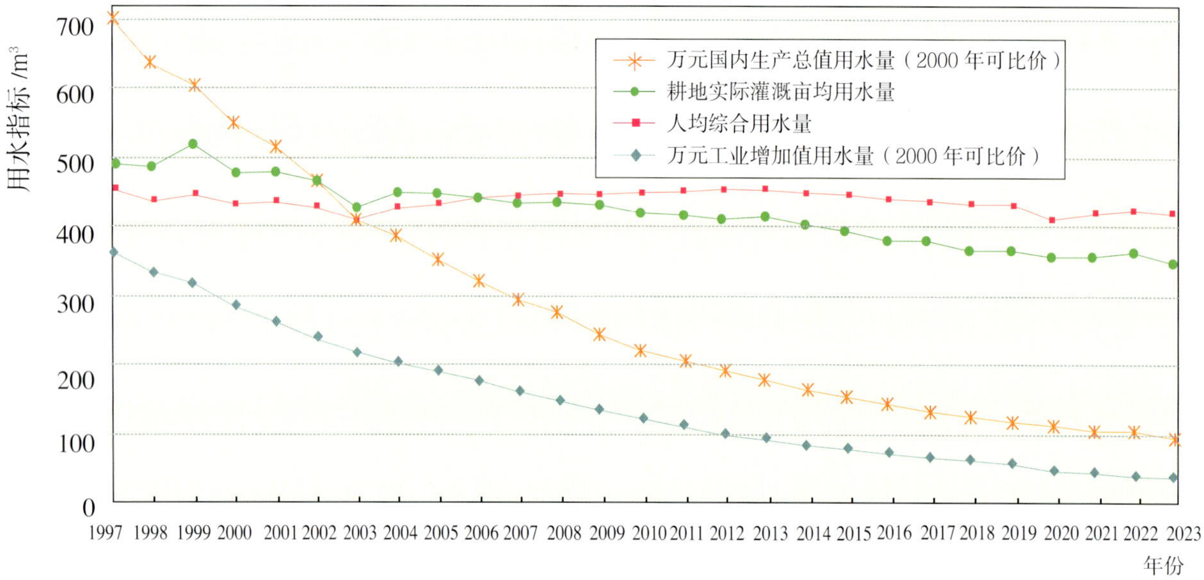

图 14　1997—2023 年全国主要用水指标变化

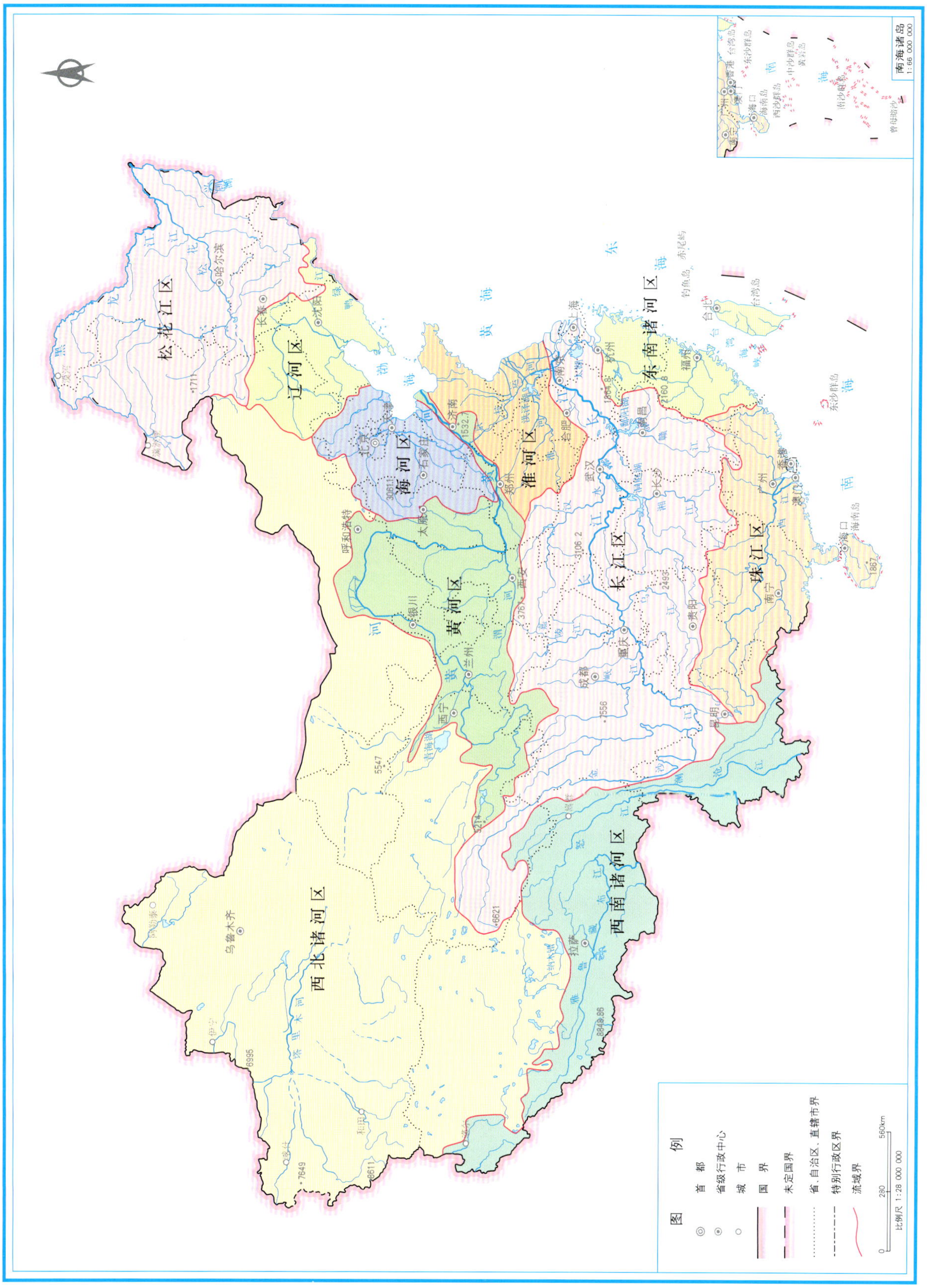

全国水资源一级区示意图

《中国水资源公报》编辑部邮箱：gongbao_iwhr@iwhr.com